Aves playeras

Un libro de comparaciones y contrastes

por Sharon Dorsey

Chorlo gritón con huevos en el nido

Chorlo carambolo

Las aves playeras se alimentan, crían y anidan a lo largo de las costas. Puedes encontrarlas a lo largo de las playas junto al océano, en marismas, junto a lagos de montañas o incluso en pastizales cerca de ríos.

Falaropo pico grueso

Playero occidental

Chorlo dorado

Agachadiza común

Chocha Americana

Las aves playeras son migrantes profesionales. Muchas aves playeras se reproducen en el Norte de los Estados Unidos y en Canadá. Vuelan de ida y de vuelta desde sus terrenos de crías en verano hacia sus hogares en las Islas del Caribe, América Central y América del Sur.

Cuando vuelan miles de millas a través de los continentes y océanos paran en playas, marismas saladas y pastizales para comer y descansar.

Correlimos comúnes

Correlimos tridáctilos

Agujetas piquicortas

Muchas cambian sus plumas (plumaje) de una estación a otra. Esto lo hacen para mezclarse mejor con su hábitat en cada estación.

Chorlo silbador migrando

plumas de reproducción de hembra de Frailecillo silbador en verano

plumas de invierno de Frailecillo silbador

Las aves playeras comen peces, mariscos, cangrejos pequeños, gusanos e insectos. El tamaño y forma de sus picos les ayudan a conseguir sus alimentos favoritos.

Correlimos común

Zarapito americano

Ostrero común

Avoceta Americana

Correlimos tridáctilo

Los ostreros tienen ojos brillantes, rojos y amarillos, y un pico brillante, rojo y anaranjado. Sus largas patas son perfectas para caminar en aguas poco profundas en búsqueda de almejas, mejillones y ostras para alimentarse.

Ostrero común

Ostrero negro norteamericano

Al ostrero americano le gustan las playas arenosas del Océano Atlántico y del Golfo de México en los Estados Unidos. Pueden encontrarse en costas del Atlántico y Pacífico en América del Sur.

El ostrero negro puede observarse en las costas rocosas del Océano Pacífico.

Los chorlos son aves pequeñas y redondas con picos fuertes.

El chorlo nevado es marrón claro con negro o marrón alrededor de su cuello, y un pico pequeño y negro.

El chorlo silbador tiene un collar nítido y negro, patas anaranjadas, y un pico negro y anaranjado. Esta especie es muy buena escondiéndose en playas arenosas.

Chorlo blanco

Chorlo silbador padre y cría

Chorlo semipalmado

El chorlo semipalmado es marrón con una banda negra a lo largo de su pecho. Los adultos en reproducción tienen patas amarillas y un poco de anaranjado en sus picos.

El chorlo de pico grueso es más grande que el chorlo semipalmado. Sus picos también son más largos y gruesos.

Chorlo gritón

El correlimos común tiene una espalda de aspecto oxidado y su barriga es negra. Se encuentra en el Ártico en el verano durante su etapa de reproducción. Puede que lo veas en grupos grandes cerca de bahías y líneas costeras en el verano.

El correlimos tridáctilo luce como si estuviera persiguiendo olas, pero en realidad están buscando aperitivos pequeños en la arena mojada luego de que las olas regresan al océano. Son aves medianas con patas y picos negros.

Tienen un pico largo y ligeramente curvado, y les gusta comer criaturas que encuentran un poco por debajo de la superficie del agua.

El picopando canelo tiene un pico largo, puntiagudo, anaranjado y negro parecido a una espada. Usa su pico para cavar en la arena y barro para encontrar insectos suculentos y pedazos de plantas.

Esta ave tiene manchas canela y marrón, las cuales puedes ver cuando extiende sus alas para volar.

El zarapito trinador es una preciosa ave marrón con un pico largo y curvado hacia abajo. Pasa el verano en las tundras y puede verse en planicies de barro, playas y marismas saladas durante el resto del año.

El vuelvepiedras común tiene patas anaranjadas. Sus plumas son una mezcla entre blanco, marrón y negro. Tienen picos cortos que usan para buscar comida que se esconde debajo de cosas en la playa.

El playero aliblanco tiene plumas marrones durante la temporada de reproducción y plumas gris en el invierno.

Puedes verlos fácilmente volando con una raya de color blanco y negro en sus alas.

El playero rojizo cuenta con una de las rutas de migración más largas de cualquier ave. Viajan desde el Ártico hasta la punta más hacia el sur de América del Sur ida y vuelta anualmente.

Cada primavera paran en las costas de la Bahía de Delaware justo cuando los cangrejos caceloras están poniendo sus huevos en la arena. Los playeros rojizos se comen los huevos de cangrejos para obtener suficiente energía a continuar su viaje hacia el norte.

Las agujas colipintas
tienen preciosas barrigas
anaranjadas y plumas
doradas, marrones, amarillas
y negras durante el verano.

La familia de los escolopácidos vive cerca del océano. Las diferentes especies tienen distintas longitudes de picos que usan para husmear en la arena y barro en busca de comida. Los picos de diferentes tamaños les permiten vivir en la misma zona mientras comen diferentes alimentos.

El correlimos enano es pequeño (cerca de cinco pulgadas de altura, tal y como una lata de refresco). ¡Tienen unas adorables patas amarillas y verdes!

El chorlo semipalmado también es pequeño con un cuello corto, y patas y pico negros. ¡Su nombre proviene de sus dedos palmeados!

Correlimos menudillo

Chorlo semipalmado

Playero manchado

El playero manchado es un ave mediana con manchas marrones en su pecho blanco durante la temporada de reproducción.

El playero zancón es un ave elegante con patas largas, amarillas y verdes, y un pico largo. Durante el verano tiene una corona brillante y castaña, y manchas en sus plumas marrones y blancas.

Playero zancón

Las becacinas piquicortas lucen coloridas en verano con plumas anaranjadas, marrones y doradas. Tienen una forma especial de viajar llamada "muda de migración", en la que paran en diferentes lugares para terminar de cambiar sus plumas antes de llegar a sus hogares de invierno.

Las agujetas escolopáceas lucen claras en invierno. Con la llegada del verano tienen preciosas plumas negras, rojizas, marrones y doradas.

Hay dos tipos de playeros de patas amarillas. El playero mayor de patas amarillas tienen un pico más grande y largo en comparación con el del playero menor de patas amarillas.

Ambos usan el pico para investigar en aguas poco profundas en búsqueda de insectos, peces pequeños, gusanos marinos y caracoles para comer.

Playero menor de patas amarillas

Como podrás ver, ¡las aves playeras tienen diferentes formas, tamaños y colores! Lamentablemente, estas aves están enfrentando tiempos complicados.

Las aves playeras migrantes generalmente paran en las mismas zonas de descanso cada año. Si esas zonas se vuelven sobrepobladas o contaminadas, las aves puede que no tengan un lugar para encontrar comida o descansar.

Algunas aves playeras anidan justo en las costas arenosas o rocosas. Los humanos y sus mascotas puede que dañen los nidos sin darse cuenta.

Chorlo anidando

Afortunadamente, hay muchas cosas que TÚ puedes hacer para ayudar a las aves playeras. No las persigas si las ves, simplemente déjalas descansar. Si ves aves (cualquier ave, no solo aves playeras) anidando en el suelo, por favor ten cuidado al caminar cerca de sus nidos, y no pases con perros sin correa junto a estos, ya que las mascotas pueden dañar sus huevos o polluelos. Y recuerda no alimentar a las aves con galletas o pan.

Para las mentes creativas

Empareja las adaptaciones

Une la descripción de adaptación de parte del cuerpo con la ubicación en el ave.

1. Mi dedos largos y delgados me ayudan a caminar y mantener el balance en arena suave o lodo. Mis patas largas me ayudan a mantener mi cuerpo seco cuando estoy parado en aguas poco profundas.

2. Mis alas me ayudan a volar distancias largas. Los colores y patrones de mis plumas me ayudan a esconderme en mi hábitat.

3. Uso mi pico para revisar en agua y arena (o barro) en busca de comida. Las aves playeras tienen diferentes formas de picos para encontrar la comida ideal para cada una.

Zarapito americano

Respuestas: 1C; 2A; 3B

Migrantes imponentes

Las aves migratorias usan rutas entre sus terrenos de reproducción y los que no son de reproducción que ya conocen por instinto. Generalmente viajan a través de uno de tres rutas aéreas: Atlántica, entre continentes o del Pacífico. Cuando viajan pararán para comer y descansar en las mismas playas, marismas y pantanos a lo largo del camino.

Identifica las locaciones a las que las migrantes imponentes pueden visitar cada año.

¿Qué tan lejos y durante cuánto tiempo puedes caminar sin detenerte a comer o descansar?

Los playeros rojizos (ruta aérea Atlántica) pasan nuestro invierno (verano allá) en Tierra del Fuego, un lugar ubicado en la punta de la esquina inferior de América del Sur. Paran en la playa en Argentina y luego vuelan de vuelta a la Bahía de Delaware para comer y descansar. Se reproducen en la parte norte de Canadá y luego vuelan de vuelta a Tierra del Fuego.

El playerito canela (ruta aérea entre continentes) pasa nuestro invierno (verano allá) en unos pastizales naturales en la parte sur de Suramérica. Paran para comer y descansar en Oklahoma cuando van de camino hacia sus terrenos de reproducción en Canadá.

El correlimos de Alaska (ruta aérea del Pacífico) pasa nuestro invierno (verano allá) en la costa peruana. Hacen varias paradas a lo largo del camino antes de llegar a sus terrenos de reproducción en Alaska.

Anidación de aves playeras

La mayoría de las aves playeras anidan en el suelo. Cavan pequeñas ranuras en la arena, barro o rocas para poner sus huevos. Los huevos son moteados, lo que les resulta útil para esconderse (camuflaje) de los depredadores. Describe los diferentes tipos de huevos y nidos.

Ostrero negro norteamericano

Chorlo gritón

Chorlo silbador

Playero manchado

¿Ayudar o herir?

¿Cuáles de las siguientes cosas piensas que ayuda a las aves playeras, y cuáles piensas que pueden herirlas? ¿Puedes describir por qué? ¿Puedes pensar en formas en las que podrías ayudar a las aves playeras?

1

desarrollo excesivo

2

santuarios de aves

3

contaminación

4

marcar zonas de anidado para alertar a las personas con miras a que se alejen del lugar

Respuestas: 1: herir; 2: ayudar; 3: herir; 4: ayudar

Una nota del editor: Este libro usa nombres recomendados por el North American Classification and Nomenclature Committee de la American Ornithological Society.

Gracias a Arne J. Lesterhuis, Especialista Sénior de Conversación de Aves Playeras de la Manomet Conservation Sciences / Western Hemisphere Shorebird Reserve Network (WHSRN), por verificar la precisión de la información presente en este libro.

Todas las fotografías son licenciadas mediante Adobe Stock Photos.

Library of Congress Cataloging-in-Publication Data

Names: Dorsey, Sharon, 1996- author.
Title: Aves playeras : un libro de comparaciones y contrastes / Sharon
    Dorsey ; [translation by] Alejandra de la Torre y Javier Camacho
    Miranda.
Other titles: Shorebirds. Spanish
Description: Mt. Pleasant, SC : Arbordale Publishing, [2025] | English
    title given as: "Shorebirds: A Compare and Contrast Book"--Penultimate
    page. | Includes bibliographical references. | Audience term: Children |
    Audience term: School children
Identifiers: LCCN 2024039048 (print) | LCCN 2024039049 (ebook) | ISBN
    9781638173700 (trade paperback) | ISBN 9781638173670 | ISBN
    9781638173724 (epub) | ISBN 9781638173731 (pdf)
Subjects: LCSH: Shore birds--Juvenile literature. | Shore
    birds--Migration--Juvenile literature.
Classification: LCC QL678.5 .D6718 2025 (print) | LCC QL678.5 (ebook) |
    DDC 598.3/31568--dc23/eng/20240918
LC record available at https://lccn.loc.gov/2024039048
LC ebook record available at https://lccn.loc.gov/2024039049

Este libro también está disponible en inglés: **Shorebirds: A Compare and Contrast Book**
English paperback ISBN: 9781638173663; English ePub ISBN: 9781638173687; English PDF ebook ISBN: 9781638173694
Nivel de Lexile® 920L

Bibliografía:
"About Shorebirds." Western Hemisphere Shorebird Reserve Network. Whsrn.org, 2021, whsrn.org/about-shorebirds/.
AFSI | Cooperative Conservation for Shorebirds throughout the Atlantic Flyway. atlanticflywayshorebirds.org/.
"Cooperative Conservation for Shorebirds throughout the Atlantic Flyway". Atlantic Flyway Shorebird Initiative.
    atlanticflywayshorebirds.org/#x-section-8.
Discover Shorebirds Educator Guide L Curriculum L Learning Resources Grades 3-8 ACKNOWLEDGMENTS. https://whsrn.
    org/wp-content/uploads/2022/05/discover-shorebirds-050222.pdf
"Explore Bird Species | Bird Migration Explorer." Explorer.audubon.org, explorer.audubon.org/explore/species/.
"Habitats for Shorebirds." Manomet, www.manomet.org/project/habitats-for-shorebirds/.
"Home." Shorebird Flyways, shorebirdflyways.org/.
"Interactive Map – Migratory Shorebird Project." Migratoryshorebirdproject.org, migratoryshorebirdproject.org/explore-data/
    interactive-map/
"MBNMS: Seabirds and Shorebirds." Montereybay.noaa.gov, montereybay.noaa.gov/visitor/access/introbirds.html.
"Midcontinent Shorebird Conservation Initiative – Shorebird Habitat Conservation." Midamericasshorebirds.org,
    midamericasshorebirds.org/.
Pacific Flyway Shorebirds – Pacific Americas Shorebird Conservation Strategy. pacificflywayshorebirds.org/
"Search, All about Birds" Cornell Lab of Ornithology. www.allaboutbirds.org, www.allaboutbirds.org/guide/.
"Shorebirds 101: What to Look for When You Hit the Water." Audubon, 4 Aug. 2017, www.audubon.org/news/shorebirds-
    101-what-look-when-you-hit-water.
"Shorebirds | U.S. Fish & Wildlife Service." FWS.gov, www.fws.gov/library/collections/shorebirds.
Verlinde, Chris. "Share the Shore with Nesting Seabirds and Shorebirds!" Panhandle Outdoors, 1 May 2020, nwdistrict.ifas.
    ufl.edu/nat/2020/05/01/share-the-shore-with-nesting-seabirds-and-shorebirds/.

Impreso en los EE.UU.
Este producto se ajusta al CPSIA 2008

Arbordale Publishing
Mt. Pleasant, SC 29464
www.ArbordalePublishing.com